数码相机那些事儿

王磊 编著

技术支持 韩济阳
　　　　 任 涛
设备支持 张 爱

天津出版传媒集团

天津科技翻译出版有限公司

图书在版编目(CIP)数据

数码相机那些事儿/王磊编著. —天津:天津科技翻译
出版有限公司, 2013.5
　　ISBN 978-7-5433-3211-9

　　Ⅰ.①数…　Ⅱ.王…　Ⅲ.①数码照相机-摄影技术
Ⅳ.①TB86　②J41

　　中国版本图书馆 CIP 数据核字 (2013) 第 060576 号

出　　　版：天津科技翻译出版有限公司
出 版 人：刘 庆
地　　　址：天津市南开区白堤路 244 号
邮政编码：300192
电　　　话：(022)87894896
传　　　真：(022)87895650
网　　　址：www.tsttpc.com
印　　　刷：唐山天意印刷有限责任公司
发　　　行：全国新华书店
版本记录：889×1194　24 开本　5.5 印张　100 千字
　　　　　　2013 年 5 月第 1 版　2013 年 5 月第 1 次印刷
　　　　　　定价:29.80 元

目　录

第一章 数码相机如何选购

一、数码相机的参数选择

数码相机已经走进大众消费领域，许多朋友都希望拥有一台数码相机，却苦于不知该如何选择。当我们一开始接触到数码相机的时候，就觉得有一堆的专业词汇蜂拥而来，让人应接不暇。什么分辨率、像素、数码变焦、插值等，一时间让人摸不着头脑。其实，如果我们抓住重点、擒贼擒王，这些数码产品也不是什么高不可攀的东西。在购买数码相机前，应该搞清楚四个基本问题。

1.什么是像素

像素是用来表示数码相机分辨能力的参数，也是数码相机的主要参数之一。像素的概念并不难理解，它指的是一张数码照片所包含的色彩的点数总和。

举个例子说，像素就好比是我们装修卫生间时用的马赛克，横向马赛克的数量乘以纵向马赛克的数量就等于像素数。

如果将颜色不同的马赛克按照某种规律组合起来，就可以拼成一幅图像。显然，马赛克的数量越多，图像的清晰程度就越高。换句话说，像素越高清晰度就越高，图像质量也就越好。

如果一台数码相机所拍出的最大照片是 2560×1920，那么它的像素值就是 2560×1920 = 4 915 200，近似值为 500 万，也就是说这是一台 500 万像素的数码相机。依此类推，我们也可以算出其他相机分辨率所对应的像素。

那么，选购多少像素的数码相机为合适呢？那就要看你用于什么目的。一般家用电脑的屏幕分辨率为 1280×800，近似值为 102 万像素。也就是说，如果仅仅是用于电脑显示，那么 100 万像素左右的数码照片就够用了。

但是如果是用于数码照片的打印，100 万像素就太少了。一般用于数码照片打印的彩色喷墨打印机，其分辨率为 300dpi，即每平方英寸 300 个墨点，如果每一个墨点对应一个像素的话，这已经是很精细的照片了。按照这样的标准，打印一张 6 英寸的数码照片，需要的总像素数为 200 万。打印一张 10 英寸的放大照片，需要的像素数大约是 500 万。有时，为突出照片的重点，对所

拍摄的画面的边缘可能要进行裁剪，也就是说要损失一部分像素，这样算来 800 万像素也足够用了。

如果您想成为一个专业摄影师，要拍摄高清晰度的大画面，就只能选择 1000 万像素以上的单反数码相机了。

但是，我们购买数码相机时，商家标明的像素值并非数码相机的"真实像素"，而是"插值像素"。

2. 什么是插值像素

其实所谓的"插值像素"，用比较通俗的话说，就是根据数码相机的图像传感器所产生的真实像素，通过相机中内置的软件，依照一定的运算方式进行计算，产生出新的像素点。然后，将这些"虚假的"像素点插入到真实像素邻近的空隙处，从而实现增加像素总量和增大像素密度的目的。

其实，不仅是数码照相会用到插值，数码变焦的基础原理也是采用插值算法的，它是一种由电子线路实时实现图像空间变换的效果，就是"在不生成新像素的情况下增加图像像素大小的一种方法"。

事实上所谓的"插值像素"，只是哄外行的一种说法，插值像素是数码相机特有的放大数码照片的软件手段。插值像素并不是数码相机本身的有效像素，它的取值只是在摄影时用软件优化处

理后所提升的像素值。通过插值可以使到数码相机的像素在摄影中得到大幅提升。

　　如果在每两个像素点之间通过软件计算再插入一个模拟点，那么一台 200 万像素的数码相机经插值后可达 400 万像素。但是这种相机拍摄图片的质量还是在 200 万像素的设定下是最优秀的。增加插值像素，其实只是增加了图片的尺寸，也就是对小的照片进行放大处理。其结果是图片清晰度越来越低，因为这种尺寸的增加其实是在一定程度上通过牺牲图片的清晰度来获得的。

真实像素的照片

插值像素的照片

　　因此，在现阶段，插值像素其实就如同一个"骗子"，在不断地欺骗着广大的消费者。一些商家在消费者购买的时候不对插值像素的实质进行讲解，只是一味地强调像素高，拍出的照片大等优点。

那么，真正表示一个数码相机拍摄清晰照片能力的指标是什么呢？在数码相机的各种性能指标中，图像传感器尺寸是一个非常重要的参数。

3.图像传感器（感光元件）

图像传感器（也叫感光元件）是数码相机用来感光成像的部件，相当于传统光学相机中的胶卷。

被摄物体通过镜头聚焦，在感光元件表面形成图像，感光元件将这种"光信号"转换成"电信号"并记录下来，这就形成了一幅数码照片。

目前数码相机所采用的感光元件主要分为 CCD 和 CMOS 两种。

说到图像传感器尺寸，其实是指感光元件的面积大小。CCD 或者 CMOS 的面积越大，曝光时捕获的光线就越多，感光性能也就越好。目前，市面上消费级数码相机的常见 CCD/CMOS 尺寸有 2/3 英寸、1/1.8 英寸、1/2.7 英寸和 1/3.2 英寸。一台 1/1.8 英寸的 300 万像素的数码相机，其成像效果通常要好于一台 1/2.7 英寸 400 万像素的数码相机，因为后者的感光面积只有前者的 55%。从这一点上也不难看出，单纯地用像素大小来表示数码相机的成像性能是很不准确的。

4.光学变焦与数码变焦

所谓变焦就是镜头的焦距可变。我们在拍摄照片时，因取景的内容不同，需要用不同的镜头焦距来拍摄。

数码相机的光学变焦是通过镜头、被拍摄物体和图像传感器三方的相对位置发生变化而产生

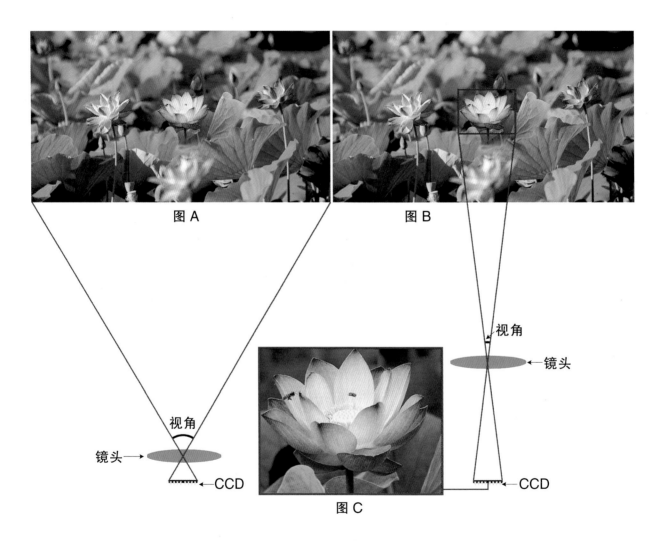

图 A

图 B

视角

镜头

视角

镜头

CCD

CCD

图 C

的，当镜头与图像传感器之间的位置发生变化的时候，视角和焦距就会发生变化，更远的景物变得更清晰，让人有物体被拉近的感觉。如上图。

图 A 中，镜头与图像传感器之间的距离（焦距）较小，视角就比较大，拍摄的景象的范围就大，适合拍摄全景。而图 B 中，镜头与图像传感器之间的距离（焦距）较大，视角就小，拍摄的景象范围就小，适合拍摄局部（图 C）。这种利用光学镜头的距离变化改变拍摄图像远近的方法就叫做"光学变焦"。

光学变焦的倍数可以用镜头的长焦端焦距值除以短焦端焦距值来表示，比如 24~70mm 的变焦镜头，我们就说它的光学变焦倍数为 70/24=2.917,约为 3 倍。一般来说，光学变焦倍数越大，能拍摄的景物就越远。但是有一点要注意，大变焦倍数并不是最终追求的目的，最重要的是镜头涵盖的焦距范围。一般来说，拍摄人物时用中等焦距（50~135mm）的变焦镜头较为适合，而拍摄风景和建筑物时，用广角变焦镜头（18~40mm）效果就更好。

光学变焦的功能对数码相机来说很重要，但是光学变焦的倍数并不是衡量数码摄像机效能的根本数据，在距离、光线和景物相同的条件下，哪一个照出来的照片更适合我们的需要才是最好的选择。

下面再说说数码变焦。

光学变焦是真实的像素，它可以原汁原味地还原远处的景物而不会有什么质量损失。而数码变焦并没有改变镜头的焦距，只是通过改变成像面对角线的角度来改变视角，从而产生了"相当于"镜头焦距变化的效果。实际上数码变焦跟插值像素一样，是以牺牲照片质量为代价的。

数码变焦用得越多，图像失真越大。所以，在实际使用过程中，数码变焦几乎没有什么作用。数码变焦倍数会直接给出，且最终的变焦倍数是光学变焦的最大倍数乘以数码变焦的实际使用倍

数。因为只有光学变焦的倍数用到最大以后，数码变焦才会被启动。

从数码相机的外观上看，一些镜头越长的数码相机，内部的镜片和感光器移动空间更大，所以变焦倍数也更大。反之，一些超薄型数码相机，一般没有光学变焦功能，因为其机身内根本没有光学器件移动的空间。而像单反数码相机使用的那些"长镜头"，其光学变焦功能可以达到5~6倍。

很多经销商都喜欢把大变焦和专业数码相机联系在一起，甚至把大变焦的相机和精品数码相机挂钩，这个观点有点太过于片面，故在选择光学变焦倍数时一定要谨慎。其实大变焦倍数的数码相机也有很多不足之处，因为在大变焦倍数的情况下，只要被拍摄物体的光线稍微不足，或手持拍摄时稍微抖动，都会造成画面模糊的结果。

二、数码相机的价位选择

1. 数码相机的分类

单反相机：单反数码相机指的是单镜头反光数码相机，是数码相机中的较高端产品。

单反数码相机的一个很突出的特点就是可以更换不同规格的镜头，这是单反相机天生的优点，是普通数码相机不能比拟的。单反相机的感光元件（CCD 或 CMOS）的面积远远大于普通数码相机，因此，单反数码相机的每个像素点的感光面积也远远大于普通

数码相机，每个像素点也就能表现出更加细致的亮度和色彩范围，这使单反数码相机的摄影质量明显高于普通数码相机。单反相机的价格比较昂贵。

长焦相机：长焦数码相机指的是具有较大光学变焦倍数的机型，而光学变焦倍数越大，能拍摄的景物就越远。

长焦数码相机主要特点其实和望远镜的原理差不多，通过镜头内部镜片的移动而改变焦距。当我们拍

摄远处的景物或者是被拍摄者不希望被打扰时，长焦的好处就发挥出来了。另外，焦距越长则景深越小，和光圈越大景深越小的效果是一样的。小景深的好处在于突出主体而虚化背景，相信很多摄影爱好者在拍照时都追求一种小景深的效果，这样使照片拍出来更加专业。如今，数码相机的光学变焦倍数大多在 3~12 倍之间，即可把 10 米以外的物体拉近至 3~5 米近。长焦相机的价格一般要低于单反相机。

卡片相机：卡片相机在业界内没有明确的概念，小巧的外形、相对较轻的机身以及超薄时尚的设计是衡量此类数码相机的主要标准。

卡片数码相机可以方便地随身携带；在正式场合把它们放进西服口袋里也不会坠得外衣变形；女士们的小手包也不难找到空间挤下它们；在其他场合把相机塞到牛仔裤口袋或者干脆挂在脖子上也是可以接受的。

虽然卡片相机的功能并不强大，但是最基本的曝光补偿

功能还是普遍具备的，再加上区域或者点测光模式，这些小东西在有时候还是能够完成一些摄影创作的。至少你对画面的曝光可以有基本控制，再配合色彩、清晰度、对比度等选项，很多漂亮的照片也可以来自这些被"高手"们看不上的小东西。卡片相机的价格最低，属于消费级数码相机。

卡片相机和其他相机的区别：

优点：时尚的外观，大屏幕液晶屏、小巧纤薄的机身，操作便捷。

缺点：手动功能相对薄弱，多采用自动拍摄模式，镜头性能较差。

2.数码相机的用途

一般我们在市面上能够经常见到的数码相机目前分为卡片机、长焦机和单反相机，而最近两年又流行可以更换镜头的、介乎于卡片机和单反相机之间的"微单相机"，这个可以单独归为一类。

在很多摄影发烧友比拼器材的时候，卡片机用户都会有羡慕的心理，其实不然，摄影界有条公认的定律——好照片和器材无关。

笨重的单反因为其携带不便、操作复杂反而在某些场合下不如卡片机发挥得更加出色。

三、购买时注意别上当

1.仔细进行价格比较

由于数码相机本身具有设计复杂、外观精美的特点，购买时难免眼花缭乱、举棋不定，掌握如下步骤就可以帮你选择一台放心的机器了。

首先，我们要做好预习，如果你确定要购买某款相机，那么在去商场或者数码商城之前一定要上网仔细比较全国平均价格，很多网站都有实时价格显示。建议在出门购机之前就确定所要购买的机型，否则你会被卖场中销售人员强大的宣传攻势弄得没了主意。

2.外包装检查

确定购买后，首先检查相机外包装，什么易碎签啊、防伪签啊都是可以造假的，把盒子反过来看，或许会发现一些"名堂"。要明白一点，样机也是需要销售的，如果你运气不好赶上一台样机，只能算你倒霉了。但是，一般样机都会从盒子底部取出，这样会在底部的瓦楞纸上或多或少留下一些折痕。

包装盒底部拆开后状态

3.开箱后的检查

即便你没有发现底部的折痕也不能掉以轻心，还应仔细检查如下几个地方：镜头表面、快门表面、屏幕表面以及热靴。这几个地方是最容易留下指纹而经销商们又最容易忽略的地方。

另外要检查原装电池的触点是否有使用痕迹，不要听信经销商们"到货以后都要试机"的说法，试机有试机电池。

如果上述任何一步出现问题，你都有权要求经销商换机。

热靴的使用痕迹

电池触点使用痕迹

很多人在购买相机时会问是不是行货，其实行货、水货都不

用担心，因为它们都还是新机器。一些不良的经销商会以次充好，用翻新货或返修货蒙骗我们，如果你所购买的是一款已经上市超过半年且比市面价格又低很多的相机，那你就要当心了。

关于翻新货或返修货，这里没有特别好的方法教你如何明确识别，只能靠你在和经销商的斗智斗勇中自我判断了。不过好在这部分机器在市场上占有的份额很小，去有厂商指定或认证的专卖店购买就可以打消这一顾虑了。

当然，如果你有足够这类知识的话，购买二手货也是个不错的选择，要知道全中国二手数码相机的交易量是很大的，影友之间互相换购器材也是常态。前提是你要对你所感兴趣的器材有比较深的了解。

四、常见品牌介绍

目前市场流行的品牌大致集中在索尼、佳能、尼康、奥林巴斯、富士等众多日系品牌，和汽车比起来，数码相机方面我们要抵制日货是真的很难，当然这是题外话。

如果你是一个卡片相机的拥趸，那么索尼的T系列，佳能的IXUS系列和尼康的COOLPIX系列都是不错的选择。

在单反阵营方面，佳能、尼康和后起之秀索尼呈三足鼎立之势，不过单反发烧友大部分还是集中在佳能和尼康的阵营当中，这也和两大品牌铺天盖地的广告有一定关系，当然这与我们在各种体育活动场面所见到的"大炮"95%以上也都来自于这两大品牌也不无关系。

五、给自己定位

一个大家经常问的问题是，"家庭用相机什么品牌的好，大约在什么价位？"，其实这个问题很简

单。首先我们要确定购买一台相机是做什么，是单纯地为了喜好而购买，还是作为一门副业来研究。

如果你只是为了记录平常的一些人物、事物而且又不想在这上面过多投入的话，那么一两千元的卡片式数码相机，到四五千元功能比较齐全的长焦或微单系列都可以列入考虑范围。

如果经济允许，你大可考虑那些价位再高一点，功能很丰富的单反，毕竟单反的后期可用空间较大。

不管购买哪种相机，一定要慎重考虑好它日后的主要用途，我们身边的朋友中，拥有几万元的单反加镜头而闲置不用的不在少数。

第二章 数码相机如何使用

一、使用前注意事项

1.保持相机稳定

有朋友和我探讨过到底应该用哪只眼睛取景的问题，我个人认为是右眼，因为目前的数码相机大部分都是为"右撇子"设计的，不过我确实也见到过为左撇子订制的整体相反的单反相机，少之又少。用右眼取景的好处是，你可以在取景时用你的左眼做提前准备，当一个拍摄物体以比较快的速度进入你的左眼视线内时，你的手就要做好准备了。反之，左眼取景时将失去这一优势。

至于正确的竖拍持机方法，有人习惯于快门在上，有人习惯于快门在下，这倒是个见仁见智的事情，我个人比较习惯于快门在上，因为，我觉得这样相机的稳定性会更好些。

当然，借助独脚架和三脚架是解决相机稳定性的根本方法。主要还是看你的拍摄计划，如果没有计划的话，我建议在有条件的情况下还是尽可能地带着三脚架。

2.保持相机清洁

关于清洁，这里特别要提到有关镜头清洁的一个误区，我经常看到很多人拿着很贵的镜头纸然后对着镜头哈一口气后擦拭，这是大忌。因为我们的唾液是酸性的，你哈气的同时，酸性的唾液飞沫会腐蚀你镜头表面脆弱的镀膜。如果有条件的话，我们还是选用正确的清洁液来擦拭镜头，哪怕用试剂酒精也好。

二、数码相机的基本概念

对于一些初学者来说，满相机的按钮和形如天书的说明书简直就是一道不可逾越的鸿沟。下面就给大家来讲一下我们经常会用到的一些专用名词和专业功能。

1.光圈与景深

光圈：相当于人类的瞳孔，用来控制镜头光线的进入量，显然，光圈面积越大，镜头的通光量就越大。但是，在数码相机上，表示光圈的数值（F）与光圈的通光面积是相反的，光圈值F越大表示光圈的通光面积越小。标准的光圈取值序列为1、1.4、2.0、2.8、4.0、5.6、8.0、11、16、22、32。上一级光圈的进光量刚好是下一级的两倍，例如光圈从F8调整到F5.6，进光量便增加一倍，我们也说光圈开大了一级。

谈到光圈就不得不说到一个摄影界很流行的词语"景深"，简单点儿说，就是可保持景象清晰的纵深范围。当焦距对准某一景物时，不仅这个被摄物体是清晰的，其前后都还有一个清晰的范围。在这个范围内，所有物体都是清晰的。我们把这个物体能保持清晰的距离叫做景深。

景深能决定是把背景模糊化来突出被拍摄对象，还是拍出对象和背景都清晰的画面。我们经

常能够看到拍摄花、昆虫等的照片中，将背景拍得很模糊（使用小景深）。但是在拍摄纪念照或集体照、风景等照片时，一般会把背景拍摄得和拍摄对象一样清晰（使用大景深）。拍人物需要突出人物主体而虚化背景时，我们需要用到小景深，这个"小"字反映到相机上，就是光圈数值为小，也就是1.2、1.4、1.6……以此类推。相反拍摄风景时我们需要用到大景深以确保画面中所有细节都能够清晰，此时就需要较大的光圈值。

总结一下，这个相机的"瞳孔"的工作原理就好像我们眯起眼睛看东西一样，瞳孔收缩了，物体就清晰了。

2.快门

快门：用来控制曝光时间，时间越长进光量越多，反之就越少。高速快门可以及克服拍摄者手的抖动或被摄者运动所造成的"虚像"；低速快门则一般需要三脚架保持相机的稳定。

快门有快门、慢门和B门之分，这里其实慢门和B门可以看做是一类，我们先说快门。一般来讲你能手持拍摄照片而又能保证清晰度的情况下的快门速度我们称为"安全快门"，这个速度因人而异，一般为1/30或1/60秒。但我表建议当快门速度低于1/30秒时，请使用三脚架，不要相信任何门派传授的"铁手功"，三脚架才是清晰照片的保障。

慢门和B门在日常拍摄中的实际用途还是很大的，例如拍摄夜晚的车流、焰火等，都需要使用较慢的快门速度。"B门"则是按下快门键时，相机开始曝光，直到松开快门为止。不过由于数码相机本身独有的特点，当曝光时间过长时，画面中或多或少会产生噪点，这些问题，可以在后期制作中解决。

相机的感光芯片会因为长时间曝光而减少寿命。

快门在日常使用中需要特别注意的是防水问题，其实很多消费者在购买相机时最关心的是快

门寿命，而厂商一般报出的几万次的快门寿命看起来也相当受用。但是在多年的使用当中，我只见过因为淋雨而报废的快门，还很少见到因为频繁使用而失灵的快门。

3.镜头与焦距

镜头：如果说光圈是相机的"瞳孔"，那么镜头就是相机的眼睛。焦距：从镜头镜片的中心到感光元件成像平面之间的距离。镜头的分类颇为广泛，以标准镜头为例，其焦距为50mm，用全画幅相机衡量，可视角度大概为46°。大于这个角度的镜头，也就是焦距数值小于50mm的镜头，我们可以称为"广角镜头"。广角镜头一般用来拍摄大场面的照片，例如风景、建筑等。而焦距数值大于50mm的镜头，我们称为"长焦镜头"，这类镜头经常被用于拍摄体育活动。我们经常可以在各

种体育活动的场面见到的"大炮"就属于长焦镜头了。一般家用长焦镜头使用的焦距不超过300mm。这300mm是什么概念呢？具体换算起来十分复杂，但这里可以告诉您，100米外拍只麻雀是可以清晰地分辨麻雀羽毛的，同时长焦镜头最大的特点是可以提供良好的背景虚化。镜头一般分为定焦镜头（焦距固定）和变焦镜头（焦距可变）。

4.曝光量

曝光量：简单地说，就是进入相机的光线的总量。进入相机的光线的多少，是相机的光圈大小、快门速度的组合决定的。光圈越大，快门速度越低，进入相机的光线就越多。曝光量决定着照片的明亮程度。曝光量越大，照片越亮，反之，曝光量越小，照片就越暗。过大的曝光量，照片看上去一片雪白，被摄物体的许多细节都会丢失；曝光量过小，照片曝光不足，被摄物体的细

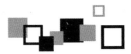
节，都会淹没在黑暗之中。只有正确的曝光量，才能表现被摄物体的原貌。

5.白平衡

白平衡：我们的肉眼可以识别各种颜色的变化，而数码相机的感光元件却没有这种功能。例如在荧光灯的照射下，人眼看到的白色物体，而用数码相机拍摄出来的颜色会偏绿；在白炽灯的照射下，人眼看到的白色物体，而用数码相机拍摄出来的颜色会偏红。这些偏差会导致拍出来的照片颜色失真，通过白平衡的修正可以消除这种偏差。白平衡会按目前的拍摄环境，调整红、绿、蓝三色的强度，以修正外部光线所造成的误差，从而把肉眼看到的白色表现为照片上的白色。

6.ISO值

ISO是感光度值，ISO值越高就是胶卷的感光速度越高，越适应在较暗环境下使用。胶卷ISO值高的代价是图片粗糙，因此专业人像摄影等需要精致画面的地方不用ISO值高的胶卷。数码相机的CCD光传感器的情况和胶卷类似，感光速度调高后也是图片粗糙，噪点大量产生。

因为数码相机的CCD光传感器比照了胶卷感光度的计算方法，它的ISO100、ISO200、ISO400、ISO800各档感光度和各档的胶卷是一样的，毛病也相似，都是感光速度高就图片粗糙，数码相机独特的表现就是噪点大量产生。拍精细的照片用低感光度，照片细腻，抓拍用高感光度，对照度要求低，适用范围广，但是照片的图像质量差。一般相机的ISO值为200，高端相机的ISO值为400、800时相片质量也很好。

三、数码相机的按（旋）钮

1.功能按（旋）钮

电源按钮：是数码相机的开关，一般长按1~2秒钟才会生效。对于镜头可伸缩的数码相机，当关闭电源时，镜头会自动缩回并关闭镜头盖。而在开启电源时，镜头会自动伸出准备拍摄。所以，开启数码相机的电源时，应保证镜头前方无障碍物，以免损坏镜头。注意：当长时间不取景或拍照时，应该关闭电源，这样既可以节约电池的能量，又可以避免镜头伸出暴露在空气中落上尘土或不慎磕碰。

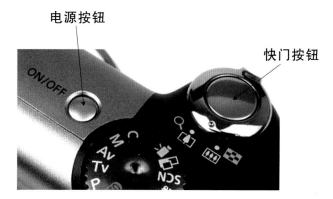

快门按钮：最经常使用的按钮，用于启动快门、拍摄照片。快门按钮是一个二级力度按钮，它的一个重要的功能是自动对焦，当我们"半按"快门按钮时，相机的快门并未启动，而数码相机的自动对焦功能却启动了。自动对焦功能可以帮助我们自动选择最精确的焦距，保证我们拍出的照片是清晰的。在"半按"快门的基础上，再增加力度，稍用力往下按，就可以启动快门进行拍照了。

变焦按钮：又叫变焦杆，其位置一般在快门按钮附近，以便于操作。变焦按钮是一个双位开关，一个方向是W，意味着减小焦距、增大视角，可拍摄全景；另一个方向是T，意味着增大焦距，减小视角，可拍摄局部。拍摄时用变焦按钮在W和T之间来回变换，可以改变取景的范围，拍摄到我们想要的画面。

变焦按钮

变焦按钮

功能选择旋钮：相机的重要旋钮，可以帮助你选择相机的各种预设功能，并方便地在各功能之间切换。因相机的品牌不同，功能选择旋钮也因"机"而异，但只是大同小异。

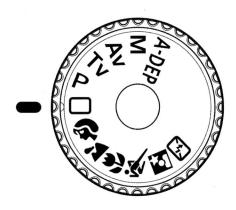

功能选择旋钮（功能拨盘）

如上图所示：A-DEP表示自动景深、自动曝光模式。

M表示手动曝光模式。此模式下相机将完全听命于使用者，给使用者更多的创作空间和灵感。

Av表示光圈优先的自动曝光模式。此模式下，用户可以自行调节光圈大小以达到控制进光量的目的，此模式适宜初学者练习景深控制，但需要注意的是，如果你手中恰好有一支最大光圈达到F2.8或者更大光圈的镜头，那么请在拍摄时将光圈值降低至少两档，这是一个神一样的定律，任何镜头的最佳表现力都需要降低至少两档光圈值。

Tv表示快门优先的自动曝光模式。这个模式和光圈优先正好相反，此模式下，用户自行调节相机快门速度以满足拍摄高速物体需要，家中有不听话的小宠物而你又从来没拍清楚过的朋友，请使用此模式练习。建议在光线充足时使用，否则画面可能会因为相机自动调节的过小光圈而一片黑暗。

P表示程序自动曝光模式。此模式下，相机可以自行调节光圈和快门数值，是最接近AUTO模式也是最容易上手的一个模式了，建议每一个初学者都先拿P档起步，练习构图以及把握快门时机等。

图案或AUTO（一般为绿色）表示全自动模式：

图案表示人像模式；图案表示夜景人像模式；图案表示风光模式；图案表
示微距模式；图案表示运动模式；图案表示闪光灯关闭。

白平衡按钮：用于调节白平衡以保证所拍的照片颜色不失真。一般用"WB"表示。

照片删除按钮：可以把我们拍得不满意的照片删除，节省存储卡的空间。一般用"🗑"表示。

照片回放按钮：可以把前面拍的照片进行回放，以便观察拍照效果，决定取舍。一般用"▶"表示。

2. 设置按钮

十字键和中央按钮：用于设置数码相机的一些常用参数，同时十字键也相当于"方向"键，中央按钮也相当于"确认"键。十字键与中央按钮配合使用，可以完成数码相机的参数设置。

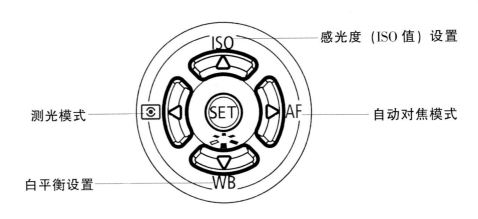

由于数码相机的品牌不同，其按（旋）钮的具体样式及功能也有较大差异，使用时应根据产品说明书上的提示进行操作。

四、基本拍摄要领

I. 半按快门对焦

半按快门是数码相机重要的操作功能之一，当我们慢慢地将相机快门按到大约一半时，手指会

明显的有一种阻滞感觉，这时快门并没有启动，也就是说还没有拍照，这种状态就叫半按快门。在保持半按快门的基础上（手指不要抬起），将快门按到底听到"咔嗒"一声响后，拍照才算完成。

没有按下的快门状态

半按下的快门状态

完全按下的快门状态

在拍照时，我们通过相机取景器会看到中间都有一个框，这个框称为对焦区域。在对焦区域内的物体，也就是我们的拍摄对象。相机不同，这个框的样式也不同，但作用是一样的。当我们举起相机并轻轻地半按下快门时，相机会自动将取景器中对焦区域内的物体作为对象进行光圈、快门的设置并开始自动对焦，如果我们保持半按快门状态不放，相机就将这些设置进行锁定直到你按下快门为止。所以，设置光圈大小、快门速度以及对焦，这都是在半按快门时完成的，这就是半按快门的主要作用。

2. 曝光

准确的曝光无疑是数码相机拍摄成功与否的关键，也是数码摄影中最难掌握的技术。因为曝光要涉及 3 个要素：光圈、快门和感光度。这三者之间的平衡与统一，才能保证拍摄时的正确曝光。

绝大多数的数码相机都有全自动功能，在全自动功能下，这三个参数由数码相机自己调整以达到最佳的拍摄效果。初学者可以用全自动模式拍摄，随着拍摄水平逐渐提高，很快全自动模式就不能满足您的需要了。这时就需要进行手动调整各个参数以满足个人的摄影爱好。

（1）光圈：光圈好比水龙头，开大、关小可直接控制进光量。但是，表示光圈的数值与光圈的面积大小正好相反，光圈数值越大，通光口径就越小。在快门速度一定的情况下，每增大一级光圈值，光圈口径就减小一半，进光量也就减少了一半。

大光圈（小光圈值）在增大进光量的同时会带来小景深，也就是近景清晰、远景模糊的效果。

小光圈（大光圈值）在减小进光量的同时会带来大景深，也就是近景清晰远景也清晰的效果。

根据户外光照情况，光圈取值的设定可用以下口诀概括：艳阳十六阴天八，多云十一日暮四，阴云压顶五点六，雨天落雪同日暮。

我们根据室内外的光线条件，再考虑到我们需要的拍摄效果，就可以决定光圈的大小。一旦光圈确定了，快门速度就要根据光圈的数值进行相应的设置，以保证正确的曝光。数码相机的光圈优先模式就是根据这个原理涉及的。

（2）快门：所谓快门速度其实就是曝光通道开启的时间长短。在光圈大小一定的情况下，快门的开启时间越长（快门速度越慢）进光量越多，反之（快门速度越快），进光量就越少。

高速快门在减少进光量的同时，可拍摄快速运动

近景清晰远景模糊

的物体并有效克服"手抖"。

　　低速快门在增加进光量的同时，可拍摄较暗的大景深场景，但需要三脚架。

　　举个例子说明：

　　上图：为保证背景虚化的效果，我们采用大光圈（小光圈值）来获得小景深。由于通光面积大，相应地采用较高的快门速度以获得正确的曝光量。

　　右图：为保证全景清晰，应适当地缩小光圈（大光圈值）以获得大景深。由于通光面积缩小，相应地用较低的快门速度以获得与上图相同的曝光量。

近景清晰远景也清晰

　　数码相机的安全快门：为了保证不出现"拍虚"的情况，我们建议使用"安全快门"。当使用广角镜头拍摄时，轻微的抖动并不会影响拍照。但使用长焦镜头时，即使轻微的抖动都会造成"拍虚"。这就说明，快门速度与镜头的焦距是有关系的。

　　经过摄影爱好者的实践总结，安全快门的估算值是镜头焦距的倒数，也就是安全快门（秒）=1/焦距（单位为 mm）。这样的算法保证了随着焦距的提高，快门也相应地加速，基本保证了拍摄质量。

　　(3) 感光度：当上述两个参数调整后仍不能满足曝光量，可采用提高感光度（ISO 值）的方法增加曝光量。例如长焦拍摄时，为保证安全采用了较高的快门速度，因此产生的曝光不足的问题就可以用提高感光度的方法解决。但是，这样可能会造成成像颗粒粗的缺陷。

3．闪光灯的使用

　　闪光灯是一种补光设备，它可以保证在昏暗情况下拍摄画面的清晰明亮，在户外拍摄时候，

闪光灯还可作为辅助光源，用以强调皮肤的色调。还可以根据摄影师的要求布置特殊效果。

　　使用闪光灯也会出现弊端，例如在拍人物时，闪光灯的光线可能会在眼睛的瞳孔发生残留的现象，进而发生"红眼"的情形，因此许多相机商都将"消除红眼"这项功能加入设计，在闪光灯开启前先打出微弱光让瞳孔适应，然后再执行真正的闪光，避免红眼发生。中低档数码相机一般都具备三种闪光灯模式，即自动闪光、消除红眼与关闭闪光灯。再高级一点的产品还提供"强制闪光"，甚至"慢速闪光"功能。

4．三脚架的使用

　　简单地说，三脚架的作用就是保持稳定。在需要设置较慢快门的时候（比如光线较暗或者夜景），我们常常借助于三脚架。还有一种情况就是对精度要求非常高的时候（比如微距摄影），因为微距摄影哪怕极为细小的震动都会对作品产生较大的影响（即使你的快门不慢）。在上述情况下，手持相机是不可能稳定的。

　　从理论上说，严谨的摄影创作，任何时候都应该使用三脚架。但是，由于三脚架携带并不方便，于是，在要求不高的情况下，为了方便快捷，就不用三脚架而徒手操作了。夜景或其他需要长曝光的场景、风景或微距拍摄，一般都用三脚架来保持稳定。一些需要小景深、长焦或

自拍的场景，也需要三脚架。

5.偏振镜的使用

偏振镜作为数码相机常用的滤镜，很多新手却不敢涉及，总是感觉它太玄、难用。其实，偏振镜原理不复杂，使用也很简单，是最有用的滤镜之一。

偏振镜的作用是有选择性地允许来自某个方向的光线通过，而对其他方向的光线有阻挡作用。利用这个功能我们就可以在拍摄时阻止强光进入镜头，避免因光线太强而造成一片白或光斑。对于强反光的物体、玻璃后面的物体和逆光场景的拍摄，偏振镜有着神奇的效果。

使用的方法是把偏振镜直接安装在单反相机或者普通数码相机的镜头前端，通过旋转偏振镜的调节环，来选择阻止哪些光线通过。可以通过取景窗（普通数码相机必须使用液晶屏观察，不能用光学取景器观察）观察被摄景物中的偏振光源，直至其消失或减弱到预期效果时为止。

未加偏振镜效果   加偏振镜效果

第三章　拍摄技巧练习

一、人物摄影

1 室内顺光

　　自然光线在脸上形成的阴影不宜过于生硬，拍摄时需要你耐心寻找对方最合适的拍摄角度，这期间可以适当地让对方调整角度。

　　有的被拍摄者无法适应强烈的光照，此时可以让对方先闭上眼睛，然后倒数，在对方睁眼后迅速按下快门。

||| 2 室内逆光

　　逆光环境下有时可以表现一种特别的拍摄意境，此类照片拍摄时需要注意控制曝光量，如果光源和构图冲突，光源进入画面后会产生光斑，此时需适当调整角度，切勿让光斑散布在人物面部。

　　另外，不是所有的逆光环境都适合拍摄，太强的光线会影响整个画面的曝光，造成一片惨白的景象。

||| 3 室内复杂光线

当遭遇复杂的室内光线时，切记一点，无论是阳光、灯光、烛光还是反光，最好只选择一种光源作为主光源均匀照射在对方面部。

如光源实在无法控制，可以选择闪光灯或反光板对其面部进行单独补光。

上述三条适用于初学者相机内置闪光灯或已购置外置闪光灯的用户

‖‖ 4 室外顺光

　　室外拍照的时候，天气其实是一个很重要的因素，早晨和日落之前的光线较为柔和而且不太刺眼，比较适宜人像拍摄，拍摄时在考虑光线的同时需要注意风向，有时一丝柔柔的风吹起裙角将会使整个画面看起来更舒服。

　　在室外拍摄时，选好背景的同时，要注意是否有路人经过，网络上很多著名的人工搜索的背景就是在不经意间被拍到的，这点需要特别注意。

‖‖5 室外复杂光线

　　此类照片拍摄手法可以参考室内复杂光线，值得注意的是室外拍摄不宜在正午阳光直射时进行，日出或黄昏时光线较为柔和，比较适宜拍摄。

　　可适当利用反光板为被拍摄者进行补光。

　　建筑物的玻璃外墙、水面也是一个很好的反射光源。注意找到最好的反射角度，控制曝光。

6 室外逆光

　　此类照片会将被拍摄者的轮廓表现得淋漓尽致，除了需要注意给人物正面补光外，将光圈适当收缩，你会发现拍摄出的照片中，蓝天会更加鲜艳。

　　适当地利用光斑来充实画面也是个不错的技巧。

7 影棚非创作性人像

（如淘宝商铺拍摄服装等）

　　自从网络购物开始流行以来，一个新生行业就诞生了，那就是一些专门为网店拍摄产品的摄影师。

　　拍摄这种类似于产品证件照的照片时需要注意，若非客户特别要求，请尽量保持产品最真实的状态和颜色。

　　无论男装还是女装，在拍摄前注意整理服装的褶皱。

　　配饰很重要，如果这是你的主业，请不要吝啬，多去买一些物美价廉的手表、眼镜、帽子、鞋子等，今后一定会派上用场。

你咋这么小呢？

老婆大人饶命啊！

▌▌ 8 影棚创作性人像

（主要阐述题材，创意，化妆，服装，道具等附加条件的重要性）

　　首先你要确定题材，这是一个很重要的元素，一个好的构想可能会成就一个大摄影家的诞生。

　　即便是很随性的创作，请尽可能地利用你身边可以利用的一切道具。

‖ 9 婴儿

　　婴儿属于人物拍摄中较为困难的一类，一是因为婴儿不受控制，姿态很难掌握，二是有说法提出婴儿眼睛过于敏感，不适于长时间闪光灯照射。

　　因此在拍摄婴儿时建议选用自然光或持续光源，也就是我们通常所说的"太阳灯"。

　　另外需要注意的是，拍摄婴儿的整体时间不宜过长，一般整体拍摄建议不超过 40 分钟至 1 小时，否则宝宝可能会烦躁或者睡着。

　　哭，其实也是宝宝这个时期特有的表情，不要放弃拍摄。但不宜让宝宝哭的时间过长，体力消耗过大也会使宝宝没有拍摄状态。

10 3~5 岁儿童

　　这个时期的儿童对摄影师来说就是"噩梦"，他们有自己的想法，很难控制。因此找到他们的兴趣点是关键，有时一张成功的照片就源自一个棒棒糖又或者你的一句笑话。

　　拍摄时注意不要让他们玩得太"疯"，因为一个满脸通红又汗流浃背的孩子在画面中可能是不好看的，而且他们的新鲜感一过去，那么你的"噩梦"就又将开始了。

　　如果场地条件允许，尽量使用长焦镜头"偷拍"。在不经意间完成拍摄。

　　提前和孩子的沟通好，控制好时间。这两点是你完成拍摄的关键。

||| 11 孕妇

　　安全！安全！安全！拍摄孕妇最主要的是注意安全。

　　一般孕妇的拍摄，在怀孕7~8个月时进行最好，拍摄时间不宜超过2小时。

　　肢体动作不宜过大。

　　可适当选择侧光或逆光来表现孕妇这个时期特有的身体曲线。

　　适当地借助道具来增加拍摄内容。

　　如使用油彩在肚皮上彩绘，请一定注意选择对孕妇无害的油彩。

12 阴天

阴天其实是拍摄人像的一个很好时机,我们不用顾忌强烈的阳光会使被拍摄者睁不开眼睛。

要注意在补光同时调整好白平衡。

阴天拍摄时人物的面部会显得更加白净,因此需要控制曝光以免丢失细节。

注意服装配色,可适当艳丽一些以达到突出人物的目的。

|| 13 恶劣天气

(如大风,雨雪天气)

如果实在没有办法更改拍摄时间的情况下,恶劣天气拍摄人像时,首先要保护被拍摄者,其次保护自己,最后要保护相机。

如果是雪天拍摄,请不要打开任何闪光设备,否则镜头前的雪花会因为曝光过度而破坏整个画面。

低温条件下相机电池电量会消耗得很快。

14 合影

保持相机处于水平状态,请尽可能地使用小光圈以达到让画面中每个人都清晰。

拍摄后回放仔细检查每个人的表情,避免有人眨眼。

如果是一场商业拍摄,可选择每个人单独拍摄,然后进行后期合成,这样虽然工作量会加大,但会得到一个不错的整体效果。

‖‖ 15 姿势的引导和创意

了解你的拍摄对象，多做沟通，在沟通的过程中找到其好看的角度。

尽量去隐藏人物体型不完美的地方，比如手臂粗，身材矮，两眼大小不一。

选择姿势要大方得体，除非你是想搞一些特殊的、搞怪的拍摄。

太难的动作不要勉强，因为被拍摄人物因为做不出你所要求的姿势而丧失信心和心情可就不好办了，毕竟大部分人不是专业模特。

平时多看多学，我们不忌讳模仿，因为很多大师也是从模仿开始的。

有条件的话，可以随身携带一些人像姿势的小图片，毕竟现在科技这么发达，手机中存几十个姿势那是足够一天拍摄练习的了。

拍摄时要给自己勇气，大胆地和被拍摄者沟通想法，多拍多练，相信用不了多久你的人像拍摄水平就能得到很大的提升了。

16 人像拍摄大忌

　　首先是焦点的选择问题，无论模特摆出任何姿势，我们的对焦都应该是在人物的眼睛上面，这样才可以保证焦点的正确。

　　尽量避免人物暴露在阳光的直射下，否则再专业的模特也难以承受阳光直射对眼睛所带来的伤害，造成表情不自然或频繁眨眼睛等不成功拍摄因素。

　　同时也不要让阳光直射镜头，这不仅是人像拍摄的大忌，更是相机使用中比较忌讳的一点。

　　尽量避免人物服装与背景颜色过于接近。

　　特别要注意的一点是，如果背景是树木或者塔等竖直的物体，务必不要出现"头上顶树"或"头上顶塔"的情况出现。

　　另外在夜晚拍摄时尽量避免选用反光材质较强的服装面料。

二、静物摄影

▌1 室内顺光

室内拍摄静物时，有效地利用各种光源是很有必要的。

在家中或者办公室中拍摄时，手边很多小物品都可以作为很好的拍摄对象。

多从几个角度拍摄或许会有意外收获。

微距模式或者微距镜头这时可以派上用场了。

2 室内逆光

　　同人像拍摄一样,静物拍摄在逆光环境下首先要注意画面整体曝光,尤其是针对一些玻璃材质的物体时,巧妙地利用光线来打造"边缘光",这样可以使物体看起来晶莹剔透,更加具有质感。

　　同样也要注意使用闪光灯对物体进行正面补光。

　　至少控制前面或后面一个方向的光量,可以多试几次,以达到最好效果。

||| **3** 室内复杂光线

　　这类拍摄多数是由于场地的局限性和拍摄时机的突然性而产生的,比如生日蛋糕被点燃的一瞬间,房间内充斥的阳光、灯光和烛光。类似于这种情况下,我们如果有比较充足的时间,可以先设定好相机的白平衡,然后在实际拍摄时降低两档曝光补偿,尽管在屏幕上看起来照片整体发暗,但这样做的好处时,在保留物体细节的同时后期可以通过软件来矫正曝光偏差。

上述三条针对于初学者相机内置闪光灯或已购置外置闪光灯的用户。

4 室外顺光

　　光线良好的情况下拍摄，不用一味地只知道按快门，因为在这种情况下，拍出的画面背景大部分模糊得一塌糊涂，所以我们要多搜索一下物体周围，看看有没有更合适的颜色来充实画面。

　　合理掌握构图，将物体放到画面的一侧，收进更多的颜色来搭配物体本身。

||| 5 室外逆光

逆光拍摄时，首先要注意的是不要长时间逆光拍摄，数码相机小小的感光元件是无法承受这种高强度长时间照射的。

注意控制曝光以得到物体更多的细节。

不是任何物体都适合逆光拍摄的，一些颜色较深又不具透明材质的物体是很难得到较好拍摄效果的。

||| 6 室外复杂光线

　　如果各种复杂光线对于画面曝光干扰太强烈，可以考虑加入人工光源进行干扰，如反光板和闪光灯等。

　　利用镜子作为反光板也会收到出其不意的效果。

　　如果有条件的话，在各种复杂光源中找到一个最为适合的作为主光源，这样会大大降低拍摄难度。

||| 7 影棚非创作性静物

（如淘宝商铺拍摄小件产品等）

这类题材要求我们拍摄时中规中矩，补光要均匀，同时要注意物体材质，不要形成很明显的光斑。

多尝试几个角度的拍摄，以表现物体更多细节。

拍摄前尽量将物体表面清洁干净，因为现在的微距镜头是可以将很细微的东西表现出来的。这样做也是为后期工作减少负担。

‖‖8 影棚创作性静物

（大体阐述例如啤酒瓶身的水珠，牛奶下落溅起的水花等）

布满水珠的酒瓶和牛奶下落溅起的"王冠"是比较受欢迎的题材。

相比较而言，小水珠的拍摄成功率会比"王冠"高很多，一张成功的商业广告片拍摄中，相机已经连通了某种声控设备，做到了声响——奶滴自然准确下落——"王冠"形成——相机自动拍摄，由于此类拍摄成本过高且成功率太低，我们还是来说说布满水珠的酒瓶吧。

需要准备的东西很简单，甘油（植物油也可替代）、喷壶。

将甘油均匀地涂抹在酒瓶表面后使用喷壶雾状喷射，水珠的大小自行决定，然后你就可以从各个角度进行拍摄了。

9 物体表面材质
镜面反射的

（鱼缸、手机、相机等）

　　拍摄此类物品时，需要注意在拍摄前请仔细擦拭物体表面，这样会给你节省很多的后期工作。

　　布光时一定要注意不要让物体的表面产生较强烈的反光，否则会破坏构图。

　　物体较小时可以考虑采用柔光箱拍摄，如使用静物台拍摄时，尽量要在布光时使光线均匀。

10 物体表面材质漫反射的

（蔬菜、水果、纺织品）

具有漫反射材质的物体，在布光时一定要注意在布光均匀的同时掌握好光线入射的最好角度，否则可能会使物体颜色发生偏差。

物体摆放的姿态也很重要，这直接影响着构图。

不要犯懒，弯下你的腰，水平角度的拍摄也是必不可少的。

11 混合条件

（菜品、酒、饮料、冰激凌）

一个良好的创意是很重要的，我们可以提前去卖布料和窗帘的地方找一些很便宜的打折货回来，面积不用很大。这些具有良好纹理的物品作为底布可以更加激发你的拍摄灵感。

这个时候，由于物体表面可能会具有很多特性，诸如漫反射和镜面反射在一起，或者还有一些玻璃容器。我们可以使用较高的入射角度来布置光源，形成一个无影的效果，这样可以使画面看起来更加干净利落。

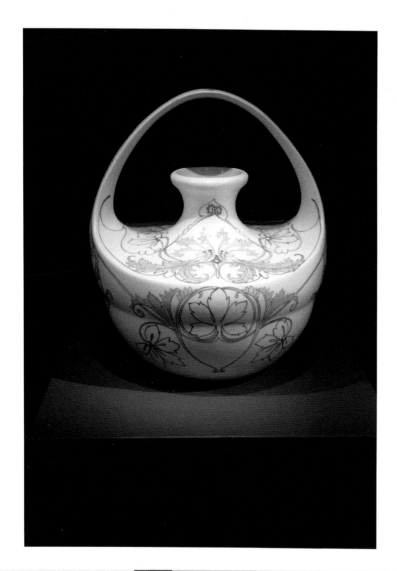

展览馆中的展品是很好的拍摄对象。因为展品一般都有较好的光照条件，无须再进行补光处理。可用较慢的快门速度（1/6秒）并配合三脚架进行拍摄，但拍摄此类照片时应注意现场有无禁止拍照的提示。

对于旅行者来说，三脚架携带起来太累赘了，但是，为了获得好的拍摄效果又不能没有它。买一只轻巧的迷你三脚架就可以解决这个难题。这种三脚架既可以单独使用，也可以放在桌子上或绑在栏杆上，收起来时其大小可以放在衣袋里，携带方便。

用餐前的餐桌有时也是很美的，物品的摆放、餐具的反光，整洁、安静的气氛都可以通过这些静止的物件表现出来。在用餐者还没有"破坏"它之前，拍一张吧。

即使是最简单的物体，在微距拍摄模式下也会展现出神奇的画面。使用微距模式（单反相机则一般需要专门的微距镜头），在相机允许的距离内尽量靠近被摄物体拍摄，这样才能保证微距的效果。注意：微距拍摄时景深很小，所以必须把焦距调到被摄物体的主体上。

什锦果盘除了能调动我们的食欲以外，其丰富的色彩和雅致的造型也常常可以给我们带来美的享受。其实生活中的美无处不在，这就需要你细心地去发现它、捕捉它并记录下来。

▮▮12 室外混合条件

　　路边雕塑的金属质感可借助于侧光表现得惟妙惟肖。注意不要使用闪光灯，过于复杂的光源可能会破坏画面的风格。同时要注意机位放低，最好是蹲下或坐在地上拍摄。这样才能把童话人物的憨态可掬的表情充分地表现出来。

三、风景及建筑摄影

1 大型建筑物

（长城、天安门、金字塔）

　　拍摄大型建筑物其实只需要考虑时间这一点因素，一个好的拍摄时间可以让你拥有完美光线以及蓝天白云或璀璨夜空等众多辅助拍摄元素。

　　广角镜头固然可以使你在离建筑物很近的情况下拍得全貌，但无法抑制的镜头畸变会使建筑物的边缘发生变形。

　　50mm焦距以上的镜头可以在最大程度上降低这种畸变，但缺点就是可能无法得到建筑物的全貌。关于这点如何取舍还是需要看你自身的意图。

2 小型建筑物

（咖啡馆、小胡同）

取景时多搜索一下局部，将建筑物的特点表达出来。

调整光圈得到理想的景深，例如胡同，我们使用大光圈拍摄将背景虚化，就可以得到一个纵深感更加强烈的效果了。

拍摄时试着降低快门，将一些路人和车流收进画面来充实画面。

注意，降低快门的目的是为了将这些充实画面的元素拍虚，而不是让他们喧宾夺主。

▌▌3 高山

(如果不是很好看的山,比如说盘山和香山这类石头山,该拍什么)

如果你旅游恰好到了一座光秃秃的山而你又不知道拍什么的时候,那么请低下你的头,试着拍拍你脚下的路又或者山边的小花小草什么的。

当然,你也可以试着拍摄当地的人文环境,而不是一味地给自己或者同伴与这座大石头山拍摄没有纪念意义的"人石合影"照。

4 雪山

如果你在雪山下,请祈祷一个好天气让你能一窥雪山全貌,因为大部分的雪山山顶都会有积云。

(云南玉龙雪山)

拍摄时要注意,由于目前我们可以游览的雪山大部分的雪都是在山顶,在合理构图的同时一定要控制曝光以保留细节,因为雪山强烈的反光会使曝光度下降1~2档,我们可以使用手动档来合理地调整曝光。

||| 5 草原

拍摄草原题材的风景照片时，我们要注意收缩光圈以获得更多的画面细节。

尽量使用较低的 ISO 值。

尽量使用三脚架。

草原拍摄无非就是草、蓝天白云、河流、牛羊等完美结合在一起的画面，因此上述几点都是为了保证最后可以得到一个较高的画质而设定的。

6 日出日落

这类题材的照片拍摄时除了要掌握良好的构图,还需要耐心地等待,太阳有时会在最美的一瞬间里躲进云朵里,此时拍摄者千万不要放弃,因为有时太阳透过云层所形成的散射光是非常迷人的,它们又被称为"天使光"。

拍摄日落时,我们有足够的时间来调整相机,而日出时则要相对困难一些,我们可以先从网络上获取未来一天的日出时间以及天气状况以决定拍摄时间,建议在日出预报前半小时调整好你的相机。当然,如果是户外拍摄,无论什么季节都要做好防寒准备。

‖7 河流

多使用前景做铺垫,让构图看起来不会很单一。

收缩光圈,降低快门速度,这样就可以得到一幅类似于水墨画的河流照片了。

控制构图,尽量使河流在画面中显得蜿蜒流长。

8 蓝天白云

　　前面数次提到了蓝天白云，这两个因素是很多拍摄题材中不可缺少的。

　　想要蓝天蓝怎么办？缩小光圈。

　　白云的位置不好怎么办？看风向，如果白云有可能达到你最理想的拍摄角度和状态时，请耐心等待它飘过来。如果天上就那么一片白云，而且还越来越小的情况下，那么调整好光圈后就拍吧，白云的问题可以在后期用软件来解决。

9 名胜古迹

拍摄名胜古迹首先要注意的是这个地方是否允许拍照，很多寺院及古迹都会有相关规定不允许拍照的。

可能我们身边接触到最多的就是寺院了，在拍摄时，可以以建筑拍摄为主，人文拍摄为辅，从多个角度来表现寺院的庄重和神秘。

尽量避开一些衣着鲜艳的游客，否则会使整个画面失去应有的感觉。

||10 大海

　　大海是很多人都喜欢拍摄的题材，在拍摄时我们要注意，如果喜欢拍海浪的话，在保证你和你相机安全的前提下，请尽量向前站。

　　收缩光圈，以保证海浪的细节可以完全被收录。

　　尽量使用高速快门。

　　即便在同一角度，同一时间的前提下，你连续按动快门也不可能得到完全相同的浪花。其实拍摄海浪是件很上瘾的事情，所以我建议浅尝辄止，不要总想着下一个浪花会比你现在拍到的这个漂亮。

▎▎11 风格建筑

此建筑本身形态就比较怪异，广角镜头夸张地表达了上部的体积，还可以考虑使用高角度拍摄。

12 庭院

很漂亮的庭院小景，在雨中拍摄意境也很不错。如果空气通透度不是很好，这可以在后期处理中解决。

13 风景名胜

一些大家很熟悉的名胜景观，如果换个角度拍摄也能收到意想不到的效果。

仰视拍摄能产生一种夸张的高耸入云的效果，这也是风景及建筑类摄影的常用手法。

通过白平衡设置可以使照片"暖化"。当拍摄户外景物时，特别是当阳光充足时，试着把相机的白平衡调到"多云"哪一档，这样拍出来的照片中红色和黄色会显得更加丰满，照片也会呈现出种"暖洋洋"的风格。

　　拍摄高大、雄伟的建筑物时注意不要让建筑物充满整个画面，适当留出空白产生对比，方显得平衡、壮美。

　　通常，拍摄雪景时因为下雪天容易出现大面积的白色，所以在这种情况下，相机的测光系统会认为"现场光线较亮"而减少曝光量，这样就容易出现曝光不足的情况。曝光不足会导致拍摄的白雪变"灰"，所以，适当增加曝光补偿，画面将会显得更明亮，效果会更好。

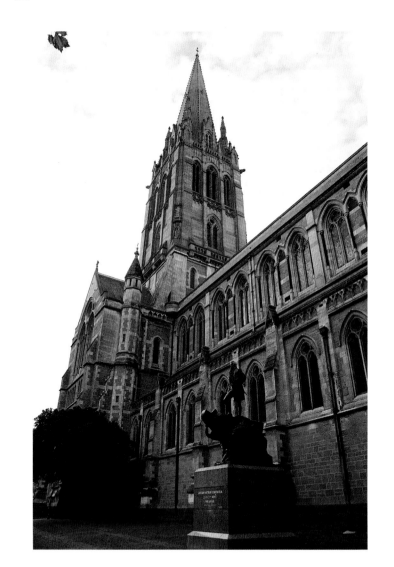

‖‖14 街景

　　坐在观光车上，也可以随时抓拍途中遇到的美景，但注意手要平稳、迅速，可适当提高快门速度以保证拍摄质量。

四、活动现场摄影

1 合影

看到过很多只是合影的合影，由于过于突出人物，背景反倒都被挡住了。

这个时候可以考虑居高临下的俯角拍摄，如果没有条件的话，被拍摄者可尽量降低角度，如蹲、坐等姿势。

在不影响曝光的情况下尽量缩小光圈，让画面每个人都清晰。

拍摄倒数前要大声呼喊，将所有被拍摄者注意力引导至同一方向上。

2 单人

　　不是所有旅游纪念照都需要你看镜头或者摆出一个"V"的手势，有时候你的背影留在照片中在以后翻看时会留下更多回忆。

　　这种情况下不必对相机做过多的调整，按照背景的大小，适当收缩光圈即可。

　　如果没带三脚架的情况下，无论是卡片机还是单反相机，用你背包之类的物品给它做个简单的支撑即可，很多时候你请身边的行人为你拍出的照片都会不尽如人意。

　　单反需要自拍时，请先提前找好参照物对焦，如果没有的话，那还是请路人帮你拍吧。

▌▌3 音乐会

音乐会拍摄时,由于大多数时间,我们不能提前预知拍摄距离的远近,所以建议配备一支长焦镜头进行拍摄。

一定要遵守会场规定,入场前提前了解主办方是否允许拍摄。

一般音乐会现场灯光布置是比较稳定的,我们所需要做的就是提前调整白平衡,拍摄时在保持快门速度的同时掌握好曝光。

4 晚会

很多人都喜欢去看演唱会的原因之一就是看中了华丽的舞台效果,而快速变换的各种灯光,对于拍摄者来说是很难掌握曝光的。

因此,我们在拍摄时要遵循一个原则,宁可欠曝,也不能过曝。在后期处理中,欠曝的照片大多数会留下很多画面细节,只需要适当地调整亮度即可挽回。而过曝基本无药可救,最终结果就是删除。

拍摄演唱会时,长焦镜头是必需的。当然,如果你离舞台够近的话,不妨使用广角镜头来表现舞台强劲的视觉冲击力。

‖ 5 露天演出

拍摄时，建议使用长焦镜头配以大光圈来虚化背景，以达到突出人物的目的。此时可以在比赛开始前多做尝试来调整相机参数。

由于是日间拍摄，这时光线比较充足，我们可以降低ISO同时提高快门速度以提高拍摄成功率。

6 夜景运动会

体育场的灯光基本上只适合比赛使用，而我们拍摄时经常要面对两个难题：到底是提高 ISO 值来保证较高的快门速度，还是用较低的 ISO 值来保证画质？

这里来给你一个肯定的答案，无论任何情况下，快门速度都是首要条件，虽然高 ISO 会给照片上带来很多噪点，但它毕竟是可以保证一个较高拍摄成功率的。反之，一张虚了的照片，即便画质再好也是徒劳的。

7 夜景演出

　　这张图片整体视觉冲击力以及颜色都比较不错，在后期处理中，可尝试将画面最下方的那一排椅子裁掉，重新获取一张新的构图。

和上面那张同理,在后期处理中裁去上面的部分试试。当然,还可以使用长焦镜头只突出人物主体。

‖ 8 室内课堂

　　室内活动的拍摄可采用俯视角度拍摄，采用中焦距和较小的光圈，与被拍摄者的互动使画面变得生动、活泼。

9 街头抓拍

拍摄活动现场时应注意抓住时机，使瞬间出现的画面能给人留下深刻的印象。照片中街头艺人的专注与忘我，与路人的无视与不解形成鲜明的对比，产生出戏剧性的效果。

数码相机的一个常常被忽视的特性就是"强制闪光"功能。当你拍摄侧光甚至逆光照片时，采用"强制闪光"模式拍摄，相机会首先对背景曝光，同时会很有效地照亮你要拍摄的景物。这样拍出来的照片显得很专业，被摄物体看上去也显得非常舒服。

第四章　拍摄技巧提高

一、运动物体拍摄

1 车流

　　车流的拍摄是夜景中比较受欢迎的一项，拍摄时我们要首先选择一个较高的机位便于表现画面的纵深感。

　　交通拥堵或者车流太少的路面上都不容易拍摄出较好的效果，一般来说，我们的快门速度控制在2~20秒即可，太短的快门时间除非车速很快，而太长的快门时间可能会造成曝光过度又或者画面过于凌乱。

　　选择一条弯道更容易拍摄出成功的照片。

　　使用小光圈，尽量控制在F8.0~F11左右。

2 规则运动物体

拍摄例如火车或者汽车这类运动速度较快但速度又相对稳定的物体来说,较高的快门速度和跟焦模式是不可缺少的。

拍摄时要提前设置一个"对焦陷阱",然后就可以"守株待兔"了。

如果不具备设置"对焦陷阱"的条件,请开启跟焦模式,在保证快门速度的同时适当收缩光圈,并且开启连拍模式,从而达到较高的拍摄成功率。

3 不规则运动物体

（奔跑的人）

这类情况比较常见的就是拍摄儿童了。遇到这种情况时，如果是在户外，请尽量调整机位到顺光拍摄条件下，这样做的好处就是可以最大限度地提高快门速度。

如果不能很好地预判被拍摄物体的运动轨迹，请尝试将构图放大，让被拍摄物体在画面中的比例在20%~30%左右，后期进行裁剪构图。

对于不规则运动的物体拍摄，建议采用手持拍摄，随时调整机位。

4 速度较慢物体

星空的拍摄一般我们只能在摄影比赛或者画册中见到，首先我们要了解到由于地球的转动，我们所看到的星星都是在移动的，因此拍摄星空可以有两种方式。

一是曝光时间较短的星空模式，反之则是曝光时间超过 30 分钟的星轨模式，两种截然不同的风格来表现星星，具体喜欢哪种就是个人意愿了。

一个稳固的三脚架，快门线，大光圈，这些都是拍摄星空的必要因素。

拍摄地点要远离城市，因为繁华的城市即便午夜时分，天空上的光污染也是很严重的。

5 迎面而来的物体

(奔跑的动物)

此类题材的拍摄，对于相机硬件以及拍摄者的反应都有着较高的要求，首先，一个对焦速度迅速的镜头的是很有必要的，其次，连拍速度也是不可或缺的。

有的场景条件下，拍摄机会可能只有短短几秒钟，因此具备上述两个要素是最基本的。

对于提高拍摄成功率来说，除了我们前面讲过的"对焦陷阱"外，就需要你具有敏锐的观察力和预判了。当拍摄时机来到时，不要吝惜你的快门，可以在几秒内连拍数十张，然后从中进行筛选。

6 室外宠物照

　　首先，要注意安全，人和宠物都要注意。在远离人群、道路等一切可能产生危险的地方拍摄。

　　尽可能使用长焦镜头，室外环境下宠物的状态会很活跃，如果可以，请尽可能地退远一点，这样可以完全发挥长焦镜头的功效。

　　单反相机拍摄宠物奔跑时有个卡片机无法比拟的功能，我们称之为"跟焦"，将相机的对焦方式设定为这一模式时，无论宠物向任何方向移动，只要你确定焦点在它的面部，那么拍摄的成功率是相当高的。

　　如果是高速运动的宠物，那么请使用连拍模式来提高成功率。

　　静止状态下的宠物，请不要犹豫，马上按下快门，因为你不知道它在下一秒是否会离开画面。

7 突发事件

　　突发事件所要针对的是我们在任何未知状况下应当如何拍摄。

　　由于此类场景的未知性和突然性，建议将相机设置为 P 档，此时相机会自动根据现场光线来调整快门速度和光圈，这样就使我们能以最快的速度进行构图取景。

　　拍摄时务必要冷静，不能完全信任相机，在开始拍摄两三张后要迅速回放并根据情况适当增减曝光补偿。

▌▌▌ 8 室内宠物照

　　小猫小狗当然是很好的模特，但他们是无法沟通的。所以，我们要把相机设置成一个快门较高的模式，这可以用提高ISO、开大光圈、降低曝光补偿等来得到。

　　试着用声音吸引它们的注意力，又或者是在它们熟睡时进行拍摄。

　　使用闪光灯时，如果是外置闪光灯，请不要直射，这样会使背景过暗。可以考虑将闪光灯朝上进行反射已达到模仿日光的效果。

9 室外儿童

儿童的表情捕捉得比较到位，但在拍摄这种运动的儿童时，建议在提高 ISO 的同时增加快门速度，这样才能保证被摄主体完全清晰。

自拍模式不仅仅是为了摄影师本人有时间进入画面，更可以利用自拍功能来克服手按快门带来的抖动，在有严格防抖要求而拍摄时机又不要求很严的情况下，用自拍功能可以省去很多麻烦。比如拍摄长时间曝光的夜景时，自拍就是很有效的方法。

10 飞翔物体

拍摄这类可遇不可求的照片时，应尽可能避开背景中那些讨厌的建筑物，顺便说一下，这张照片中海鸥的表情真的是非常好。

数码相机那些事儿

11 比赛场面

追拍。追拍即"追随拍摄法"，在拍摄时先对好焦距，当被拍摄物体完全进入画面时，朝被拍摄物体运动的方向移动相机，在移动中按下快门。这样的照片因运动主体与相机同步表现得比较清晰，而静止的背景因为相机的移动变得模糊，从而在照片上提到了虚实对比的效果。焦距200mm，光圈5.6，速度1/80秒。

二、夜景拍摄

|||| 1 夜景人像

　　此类题材照片多用于拍摄旅游纪念照，如果是卡片相机的话，请在开启夜景人像模式的同时启动闪光灯防红眼设置。

　　如果是单反相机的话，需要注意闪光灯的输出指数，如果没有把握的话，请使用 P 档并增加 ISO 值。

很多朋友都遇到过这种情况，那就是在晚上拍摄人像时，尽管背景的光源看起来很充足，但是照出来以后也还是漆黑一片。

其实解决方法很简单，一般的相机闪光灯设置中都有一项叫做"后帘同步"，具体原理过于复杂，在这里不多做解释。不过可以肯定的是，这个功能在保证人物正确曝光的同时又可以较慢的快门速度来拍摄背景。

2 灯火辉煌的建筑

要体现建筑物的宏大，广角镜头是必不可少的。

拍摄时需使用 F8.0 甚至更小的光圈。

因为建筑物不会动，所以我们可以静下心来慢慢地调整相机，建议使用 M 挡也就是手动模式。

三脚架是必不可少的，同时建议开启倒计时拍摄或使用快门线来保持相机的稳定性。

▌▌ 3 低照度条件下高速快门

　　某些昏暗的场景下，我们不能使用低速快门来表现内容，所以我们可以尽可能地增加 ISO 值，以确保较高的快门速度。

　　例如图中所示，当你遭遇美丽的夜景却又没带三脚架时，那么以上的方法可以在一定程度上帮助你完成拍摄，从而不会错过任何瞬间。

4 焰火

焰火拍摄首先要做到提前选景,尽量选择在光污染较少的地方。收缩光圈,拍摄时间不宜超过 2 秒,否则会出现焰火重叠的情况。

尽量使用广角镜头进行构图,这样可以加入更多的环境因素来丰富整个画面。

5 如何利用人造光源

在很多场景的拍摄中是不适合使用闪光灯的，但如果你周围恰好有一盏街灯的话，那么一切都很好办了。

拍摄时需要注意调整白平衡。

即便看起来很亮的街灯，其照度也不能完全满足拍摄要求，因此可适当增加 ISO 值。

注意调整角度，尽量不要使镜头内射入过多的光线而产生光晕。

6 影棚光源

个人比较欣赏这张照片，虽然没有什么太高的拍摄技巧，但画面构图和意境非常出色，拍摄此类照片着实需要掌握良好的曝光技巧。

||| 7 接片的拍摄

这是本人非常喜欢的一张接片，是用 15 张照片拼接在一起形成的。拍摄时一定要注意使用不大于 50mm 的焦距进行创作，否则广角端变形会让你在后期拼接时非常头疼。

8 路灯光源

　　光圈 3.5，快门 1/40 秒，感光度 600，无闪光灯。由于使用了广角镜头，图像两上角可见"桶形畸变"。桶形畸变：由于广角镜头各部分折射光线的程度不同，使得成像点有朝向中心点聚缩的趋势，这种形式的畸变称为"桶形畸变"。

9 店铺光源

　　街边店铺的灯光是拍夜景的好帮手。无论如何，表现暗处景色也不是数码相机的强项。因此，拍摄夜景时尽量借助其他光源。光圈 2，快门 1/30 秒，感光度 600。

三、长焦与广角拍摄

长焦：根据不同的拍摄需要，长焦数码相机和单反数码相机可分为不同的焦段。

焦段：简单说就是变焦镜头的焦距变化范围。

1 拍摄较近的画面

50~135mm 焦段。这是最接近人眼视角的视觉效果。也就是说拍出的照片和人眼看到的效果差不多。在复杂的光线条件下，精确掌握曝光量，可以拍出很好的照片。

2 拍摄稍远的画面

焦距 122mm，快门 1/500，感光度 320。这个焦距用来拍摄人像或较近但无法进一步接近的景物，如果用三脚架拍摄，则可以适当降低快门速度，但要保证被摄的运动物体成像清晰。

||| 3 拍摄较远的画面

光圈 F=4，速度 1/80 秒，可有效地虚化背景，突出主题。焦距 135mm。

||| 4 街头抓拍

135~250mm 焦段：这是相当于望远镜的视觉效果。这个焦段可以用来抓拍或拍摄特写镜头。因为可以远距离拍摄，故不会干扰被拍摄者。照片上的街头艺人全神贯注，对身边发生的事情毫无察觉。

▌5 拍摄鸟类

　　焦距200mm，快门1/600秒。拍摄这种照片俗称"打鸟"，掌握拍摄时机最为重要。需要像"猎人"一样有足够的耐心，长时间的等待，决不放过任何一个精彩的瞬间。

6 超远距离拍摄

　　焦距 240mm，快门 1/400 秒。长焦摄影对镜头要求较高，同时也要求拍摄者具有一定的基本技能，最好采用手动拍摄。但应在使用安全快门的同时使用三脚架克服相机的抖动。

四、广角拍摄

　　广角：广角的特点与长焦恰恰相反，它是用短焦距、大视角来表现宽阔的场景。广角镜头或广角功能适合拍摄广阔的草原、奔流的江河，还可拍摄出一些具有特殊艺术效果的照片。

1 室外建筑

　　利用广角镜头特有的透视效果，可在较近的距离拍下大厦的全景（津塔：高337米）。路中央的隔离带，表现出了由近至远的纵深感。

2 室内造型

表现建筑的高大与宽广，这正是广角镜头的特长。如果用普通焦距的镜头，是很难在室内拍摄到大厅的全景的。

3 大厅

置身图书馆的二楼走廊，用卡片相机拍摄的阅览室全景。将中央的服务台作为对角的中心，四周的景物对称布局，既达到了平衡的美感又不产生边缘的畸变。

▌▌4 超广角拍摄

鱼眼镜头（极端的广角镜头）拍摄的海滩，地平线已经变成了弧线。而这正是利用广角镜头的边缘畸变所产生的特殊艺术效果。

五、微距拍摄

微距：微距拍摄顾名思义就是超近距离拍摄，在拍摄一些细小的对象如：水滴、珠宝、花鸟、鱼虫等有着巨大的优势。可选购专门的微距镜头，也可使用普通数码相机的微距功能。

1 背景虚化效果

利用背景的虚化和前景的渐变，可以产生一种梦幻般的感觉。大光圈可以帮你获得极小的景深，并且有很好的透光度，保证画面清晰。

‖ 2 "显微镜"效果

拍摄行动迅捷的小昆虫，必须使用高速快门。为保证高速快门的拍摄效果，可增大光圈，或提高感光度（但注意成像会变粗糙），也可以用闪光灯进行光线补偿。

▌▌3 绘画效果

采用仰角侧逆光拍摄，被虚化的天空变成了一片白色，产生了一种工笔画的效果。注意为保证景深层次，须缩小光圈并相应降低快门速度。因此，三脚架是必不可少的。

六、拍摄技巧总结

摄影学不难，易学用单反，熟读说明书，功能要记全。
光圈配快门，曝光要先练，找准中间灰，白加黑就减。
小光圈景深，远近都能看，若想虚背景，大光圈景浅。
相机须持稳，摄姿要规范，善用三角架，不怕快门慢，
快门凝瞬间，慢门显动感。短焦视角广，长焦压空间，
望远景深浅，微距景更短。广角易畸变，中焦保还原，
装上遮光罩，避免出耀斑。构图有章法，表现莫小看，
布景要均衡，摆平地平线。平行画面静，斜线有动感，
三角最稳定、游动靠曲线，井字构图法，常用布平面，
相交有四点，最引读者眼。视点忌中间，中间易呆板，
要想画面活，左右偏一偏。好片三原则，一定要记全，
主题要明确，只有一视点。主体要突出，画面要洁简，
巧用导引线，突出视觉点。场景忌杂乱，避开干扰元，
避乱确实难，近点再近点。创作讲理性，切莫盲目干，
风景讲意境，人像立体感。大景取其势，小景扣质感，
天地三分线，切忌在中间。拍人忌正面，稍侧三分脸，
全景看造型，近景眼为先。拍片少写实，艺术难展现，
摄影真不难，全靠学和练。

这是摄影爱好者对常用摄影技巧的经典总结，在网上广为流传。这里推荐给读者，同时也向这位不知名的作者表示感谢。

附录：数码相机保养知识

数码相机的五防：防水、防摔、放冷、放热、防尘

1.防水

数码相机是高端的电子产品，进水或进潮气都会导致电子元件和线路板的腐蚀，导致断路甚至短路，严重影响相机寿命。镜头中的镜片也怕潮湿，会损坏镀膜。因此必须严格防水。雨天拍照、瀑布拍照要特别小心，千万不要溅水或淋水。如果非要在上述环境下拍照不可，用塑料袋将相机套起来，只在镜头部位留一个孔也是一种临时

的补救措施。

2.防摔

这个好理解，数码相机是很娇气的电子产品。相机内部的电子元件、外部的镜头都经不起摔，而镜头是非常精密的光学设备，磕碰都可能导致变形而无法使用。为此，摄影包和相机盒最

好都配备齐全。平时相机尽量放在包里，使用时拿出来也要用挂绳或背带挂在脖子上。三脚架一定要选坚固的，使用三脚架时要选择平坦、坚实的平面来放置。

3.防热

高温对数码相机是十分不利的。高温会导致电子线路工作异常，还有可能损害镜头。数码相机的电池在高温环境下还有可能爆炸。所以，使用相机的环境温度不能太高，更要防止阳光曝晒，最好把相机放在相机包或相机盒内，千万不要把相机"赤裸"地留在汽车车厢里。正常使用时也要注意散热，拍摄很多张照片后应该让相机"休息"一下。给相机充电时不要用东西覆盖相机。

4.防寒

数码相机在低温环境下工作会出现"反应迟钝"现象，电池在低温下也常常不能工作。注意：把相机从低温环境突然移至高温环境，相机内部的水汽会凝结成水滴，这和前面提到的相机进水或进潮气的结果是一样的。因此，超低温环境下最好不要使用相机。在空调环境下的相机拿到室外高温环境下不要立即使用，要在摄影包中多放一会才行。

5.防尘

防尘是随时要注意的。相机的镜头表面、机身可动部件的间隙、更换镜头时相机的内腔等地方都不能进入灰尘，否则会对相机造成伤害也会影响照片的质量。因此，拍完照片一定不要忘记盖上镜头盖，切记！在风沙、尘土大的地方相机要快拍照，拍完马上放回包里。单反相机在更换镜头时尽量在室内或背风处进行，也可以在摄影包里换镜头。